ニュートン超図解新書

最強に面白い

地球46億年

はじめに

　海があり，陸があり，大気があり，そして無数の生物が繁栄する，私たちの地球。この光景は，どのように生みだされたのでしょうか。

　地球の元となった微惑星は，いってみればただの岩です。ただの岩が集まってできた地球に生命が誕生し，現在，これほど豊かな光景が広がっているのは，おどろくべきことです。また，地球と生命は，数々の大事件を経験してきました。地球が急激に寒冷化し，地球の表面がカチカチに凍りついてしまったこともあります。小惑星の衝突で，生物の大部分が絶滅してしまったこともあります。地球環境の変化は生物に進化をうながし，また逆に，生物の活動が地球環境に大変動をもた

らしてきました。

　本書は，地球と生命が歩んできた46億年の歴史を，楽しく学べる1冊です。"最強に"面白い話題をたくさんそろえましたので，どなたでも楽に読み進めることができます。どうぞお楽しみください！

ニュートン超図解新書

最強に面白い

地球46億年

第**3**章
生命は陸上に進出し，恐竜の時代がやってきた

第4章
そして現代へ

地球46億年の歴史を
ながめてみよう

０

灼熱のマグマの海が冷え，
生命が誕生した

私たちの地球は，今からおよそ46億年前にできたと考えられています。右の年表は，地球46億年の歴史の中でおきた，大きなできごとをまとめたものです。

地球ができてから5億4200万年前までを，「先カンブリア時代」といいます。先カンブリア時代は「冥王代」「太古代」「原生代」の三つにわかれています。この40億6000万年の間に，灼熱のマグマの海が冷え，赤みがかった空が青くなり，生命が誕生しました。

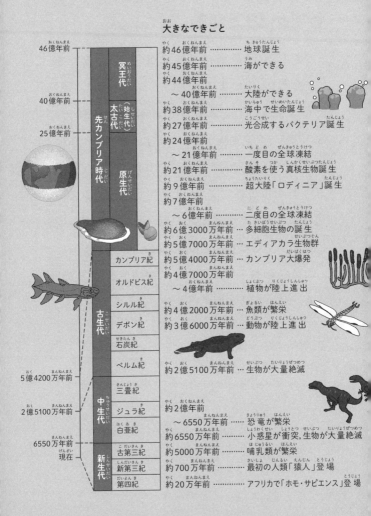

❶ 地球の歴史年表

大きなできごと

年代目盛り	地質年代		大きなできごと
46億年前	先カンブリア時代	冥王代	約46億年前 ………… 地球誕生
			約45億年前 ………… 海ができる
			約44億年前
40億年前		太古代（始生代）	～40億年前 ………… 大陸ができる
			約38億年前 ………… 海中で生命誕生
			約27億年前 ………… 光合成するバクテリア誕生
25億年前			約24億年前
		原生代	～21億年前 ………… 一度目の全球凍結
			約21億年前 ………… 酸素を使う真核生物誕生
			約9億年前 ………… 超大陸「ロディニア」誕生
			約7億年前
			～6億年前 ………… 二度目の全球凍結
			約6億3000万年前 … 多細胞生物の誕生
			約5億7000万年前 … エディアカラ生物群
	古生代	カンブリア紀	約5億4000万年前 … カンブリア大爆発
		オルドビス紀	約4億7000万年前
			～4億年前 ………… 植物が陸上進出
		シルル紀	約4億2000万年前 … 魚類が繁栄
		デボン紀	約3億6000万年前 … 動物が陸上進出
		石炭紀	
		ペルム紀	約2億5100万年前 … 生物が大量絶滅
5億4200万年前	中生代	三畳紀	約2億年前
2億5100万年前		ジュラ紀	～6550万年前 … 恐竜が繁栄
		白亜紀	約6550万年前 ……… 小惑星が衝突、生物が大量絶滅
6550万年前	新生代	古第三紀	約5000万年前 ……… 哺乳類が繁栄
現在		新第三紀	約700万年前 ……… 最初の人類「猿人」登場
		第四紀	約20万年前 ………… アフリカで「ホモ・サピエンス」登場

11

私たちの祖先が登場したのは，わずか20万年前

　5億4200万年前〜2億5100万年前までを，「古生代」といいます。生物はこの時代に，爆発的にふえました。2億5100万年前〜6550万年前までを，「中生代」といいます。この時代には，恐竜が地上の支配者となりました。そして6550万年前から現在までを，「新生代」といいます。私たち「ホモ・サピエンス」が登場したのは，新生代の中でもわずか20万年前のことでした。

　この後のページからは，この地球46億年の歴史を，じっくりとみていきましょう！

【本書の主な登場人物】

アルフレッド・ウェゲナー
（1880〜1930）
ドイツの気象学者，地球物理学者。巨大な大陸が分離して移動し，現在のような形になったという「大陸移動説」を提唱した。

シーラカンス

女子中学生

男子中学生

13

第1章

地球と生命の誕生

今からおよそ46億年前，暗い宇宙の中で原始の太陽がつくられました。原始の太陽のまわりには，いくつかの原始の惑星ができ，その中の一つが地球になりました。第1章では，地球の誕生と生命の誕生についてみていきましょう。

1 暗闇の中で，原始の太陽がつくられた

原始太陽の"卵"ができた

　私たちの住む太陽系がつくられていくとき，まず真っ先に太陽の形成からはじまりました。太陽が生まれたとき，周囲はどのような環境だったのでしょう。

　夜空には，「暗黒星雲」とよばれる星雲があります。天の川などの，星が密集する地帯でも，暗く見える部分のことです。そこを電波で観測したところ，暗黒星雲はきわめて低温のガスで，主成分は水素だとわかりました。太陽の主成分である水素が大量にみつかったため，この暗黒星雲こそ，太陽誕生の場所のモデルになるのではないかと考えられました。水素が特定の場所にあつまって，原始太陽の"卵"ができたというのです。

16

1 太陽は暗黒星雲でつくられた

暗黒星雲の中でつくられる太陽のイメージです。イラストは，へび座にある「M16」という暗黒星雲をモデルにしています。イラストの右上から左下に，暗黒星雲が広がっています。太陽と同時期に，暗黒星雲のあちこちで，たくさんの星の"卵"がつくられたと考えられています。

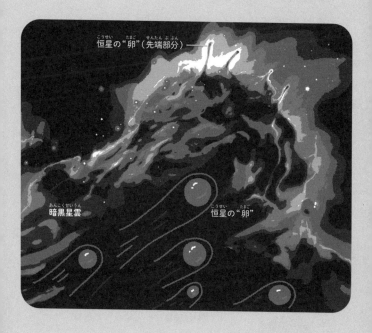

恒星の"卵"（先端部分）——

暗黒星雲

恒星の"卵"

多くの星が，ほぼ同時期に生まれる

実際，1965年に暗黒星雲の中に，非常に温度の低い星が発見されました。水素が大量にあるところで実際に星が観測されたことで，この天体こそ，星の一生の中でもっとも原始的な（幼い）星だと考えられるようになりました。星が形成される領域では，多くの星がほぼ同時期に生まれると考えられています。

原始の太陽だけが単独でできたというわけではないということだね。

18

2 太陽のまわりを、巨大なガス円盤が取り囲んだ

ガス雲からのガスが、原始太陽に降り積もる

　暗黒星雲のなかで生まれた原始太陽の姿を予想する研究は、おもにコンピューターシミュレーションによって進められました。その結果、原始太陽のまわりにはガス雲が形成され、ガス雲からのガスが原始太陽に降り積もり、原始太陽をしだいに成長させていくというシナリオが考えられました。

原始星から、ガスのジェットが噴きだす

　このガス雲からガスが落ちるとき、あたかも風呂の湯を抜いたときに、穴に向かってできる渦の

19

ように，原始の太陽へ向かうガスの流れをもつ円盤がつくられるといいます。この円盤は，20世紀末に実際に観測されています。さらに，1980年代に電波望遠鏡の性能が高まったことで，いくつもの原始星で，極域から2方向に噴きだしているガスのジェットが観測されました。ガスのジェットは，それまでの理論では予想もされていなかった大発見でした。

　なぜ，ジェットを噴きだすのでしょう。一つの説として，原始星を，垂直に磁力線がつらぬいているというものがあります。回転する原始星とともに磁力線がねじれ，そのねじれにのってガスの一部が外に運ばれるというのです。

宇宙では想像もつかないことが起こっているでカンス。

memo

2 原始太陽の円盤とジェット

原始太陽がつくられるようすのイメージです。回転による遠心力や磁場の力で，星の卵の形はしだいに偏平になり，中心部の原始太陽とそれをとりまく円盤になります。中心部には，ガスの円盤からガスが次々と降り積もり，一方で中心部から円盤と垂直方向に2本のジェットが噴きでます。

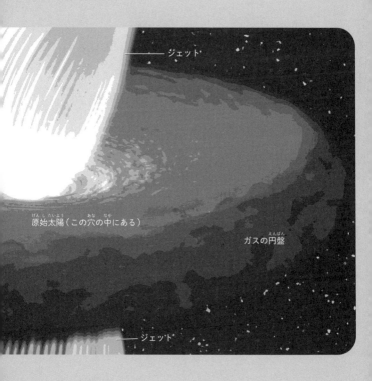

ジェット

原始太陽（この穴の中にある）

ガスの円盤

ジェット

3 100億個の惑星のもとがつくられた

固体のちりが，集まった

　太陽に火が入る一方で，原始太陽を取り巻いた原始太陽系円盤では，太陽系の惑星が形成されていきます。惑星の形成をみていきましょう。

　まず，固体のちり（ケイ酸塩など）が集まります。無数のちりは，回転するガス円盤の遠心力と，原始太陽の引力を受けて，ちょうど雪が降るようにガス円盤の赤道面にひらひらと舞い落ちていきます。舞い落ちる途中でちりはくっつき合って成長し，ガス円盤全体にちりの薄い層ができたと考えられています。

3 微惑星の形成

ガス円盤の誕生から数十万年。ガス円盤の赤道面では降り積もったちりが、かたまりをつくるようになり、太陽系全体で100億個にもおよぶ微惑星が形成されました。微惑星ができたころ、ガスやちりが失われてうすくなったために、太陽のまわりがだんだん晴れ、中心の星がみえる状態になります。

原始太陽

ガス円盤

微惑星

ちりのこいかたまりが，小天体になった

　ちりが赤道面上にたまってその密度が増加すると，ちりどうしの引力のほうが，太陽からの引力の効果よりも大きくなります。**いたるところでちりのこいかたまりができ，さらに収縮して，直径が数キロメートルの小天体が形成されます。こうした小天体は「微惑星」とよばれています。**

　微惑星の数は，太陽系全体で100億個にも達したと考えられています。太陽に近いところには岩石と金属鉄主体の微惑星，遠いところには温度が低いために氷（水やメタン，アンモニア）主体の微惑星がつくられていきました。

4 岩石を集めて，地球はどんどん大きくなった

微惑星が合体して，原始惑星になった

微惑星が衝突・合体し，大きくなると，重力が強くなり，より遠くの微惑星を引き寄せられるようになります。こうして，地球の"卵"となる原始惑星は，周囲の微惑星を引き寄せて次々に合体し，大きくなっていきました。

地球は，こうした原始惑星どうしがさらに何回か衝突・合体してできたと考えられています。太陽系のほかの惑星たちも，同じように成長しました。

地球の環境にとって，大きな分かれ目

地球は，火星や金星よりも大きく成長することができました。このことは，その後の地球の環境にとって，大きな分かれ目になったと考えられています。

たとえば火星は，質量が地球の10％ほどしかないので，重力が弱く，大気が宇宙空間に逃げてしまい，大気が希薄になっていきました。このため，現在の火星では大気の温室効果がはたらかず，平均気温がマイナス43℃しかありません。

地球は，大きく成長したことで，生命が生息できる環境を長く維持するようになったのです。

4 成長をはじめた地球の"卵"

無数の微惑星がたがいに衝突，合体をくりかえし，原始惑星へと成長していきました。原始惑星の表面では，微惑星が衝突した地点の岩石がとけています。地球もはじめは，ただの熱い岩石のかたまりでした。

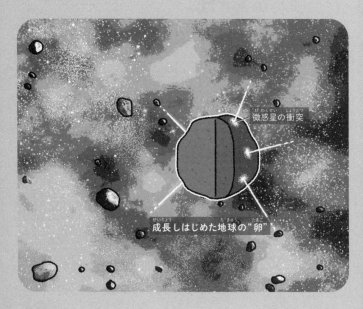

微惑星の衝突

成長しはじめた地球の"卵"

原始惑星には，あちこちから微惑星が衝突してきて，「マグマの池（マグマボンド）」ができていたんだ。

5 地球は，どろどろのマグマに おおわれた

マグマの深さは， 数百キロメートル

　地球が大きくなるほど，重力は強くなります。微惑星は，地球の重力に引き寄せられて，猛烈な勢いで衝突してきました。地球の表面は，微惑星の衝突の衝撃でとけてしまい，「マグマの海（マグマオーシャン）」でおおわれました。

　このころの地球の半径は約4000キロメートル（現在の地球の60%程度）だったにもかかわらず，マグマオーシャンの深さは数百キロメートルにも達していたと考えられています。

5 マグマオーシャン

はげしい微惑星の衝突で，地球の表面はとけた岩
石からなるマグマオーシャンでおおわれました。こ
のマグマオーシャンの熱が，さらに深部の岩石をと
かしたことで，金属鉄からなる核と岩石でできたマ
ントルからなる成層構造がつくられました。

マグマオーシャンが，
地球の内部構造を生んだ

　マグマオーシャンの底には，マグマの成分のうち，とけた重い鉄が分離し，沈んでいました。このとけた鉄は，熱で下部の岩石をとかして，さらに地球の中心に沈みこんでいきます。

　マグマオーシャンにおおわれていたころの地球は，生命が存在することなどとうていできませんでした。しかし，マグマオーシャンの下で地球の内部が核やマントルに分かれていったことが，のちに大陸移動をおこすマントルの対流や，磁場の誕生，さらに大気や海の形成につながります。

　地球は一度とけたことで，ただの岩のかたまりから，生命がすめる惑星へと変化したのです。

6 地球に大きな天体が衝突して，月ができたようだ

火星ほどの大きさの天体が，原始地球に衝突

どのようにして月が誕生したかの仮説に，「ジャイアントインパクト仮説」があります。

この仮説によると，約45億年前，火星ほどの大きさの天体がかすめるように原始地球に衝突し，大量の物質が地球の周囲の宇宙空間にばらまかれました。そしてその物質の一部は，たがいに引き合ってかたまりになり，地球のまわりをまわりはじめました。このかたまりが月になったというのです。

月が誕生し，地球の運命がかわった

　この偶然の出来事は，地球の運命を大きくかえました。この仮説によると，このとき地球の水蒸気は，大半が飛び散ったといいます。現在の地球の水は，このあとに衝突した多数の隕石に含まれていた水だと考えられています。もしジャイアントインパクトがなかったら，陸地はすべて水没したままになり，陸上生命は誕生しなかったかもしれないのです。

　また，もし月ができなかったら，地球の1日はもっと短かったかもしれません。このころ，地球の1日は5時間しかありませんでした。地球の1日は，月と地球の間の重力（潮汐力）の作用によって，少しずつ長くなっていったのです。

6 ジャイアントインパクト

ジャイアントインパクト仮説では，地球と火星サイズの天体の衝突によって物質がばらまかれ，その一部が月になったと考えられています。月の岩石の成分と地球の岩石の成分は，よく似ていることがわかっています。ジャイアントインパクト仮説は，その理由をうまく説明することができます。

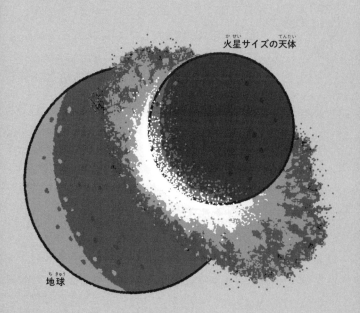

火星サイズの天体

地球

月のウサギは日本だけ？

博士。月のウサギの模様って，どうやってできたんですか。

月の表面にできた巨大なクレーターに，月の内部から溶岩が吹きだして流れこんだんじゃ。この溶岩は，玄武岩という黒い岩じゃ。それで，この黒い溶岩が流れたところが，地球から見るとウサギにみえるんじゃよ。

へぇー。黒い岩が，ウサギにみえていたんですね。

そうじゃ。じゃが世界のほかの国の人たちには，月の模様がウサギ以外のものにみえているようじゃぞ。たとえば，南米ではロバ，南ヨーロッパではカニ，オーストラリアでは笑う男にみえるらしいんじゃ。

えっ。あの模様が笑う男??

うぉっふぉっふぉっ。実は月の模様は，地球のどこから月を見るかによって，向きがかわるんじゃ。オーストラリアからみえる月の模様は，日本からみえる月の模様を180度回転したものなんじゃよ。月に笑う男がいたら，夜道も楽しそうじゃの。

7 大昔の大雨が，地表に海をつくった

微惑星の水が，地球の大気成分となった

海は，いろいろな元素をふくんだ大量の水でできています。この大量の水は，いつ，どのようにして地球上にあらわれたのでしょう。

原始の地球をつくった微惑星の一部には，含水鉱物（粘土鉱物）が含まれていたと考えられています。含水鉱物に含まれていた水は，衝突のエネルギーで蒸発し，原始の地球の大気成分となりました。

7 原始の海をつくった雨

強酸性の雨が原始の地殻をとかし，その元素を含んだ雨水が集まって，原始の海ができました。雷も発生して，太陽からははげしい紫外線が地上に到達していました。

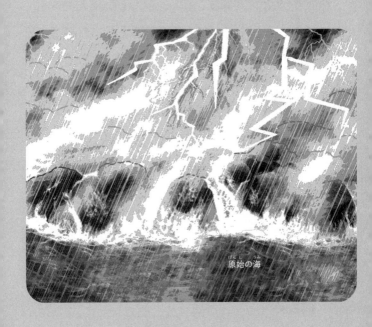

原始の海

強酸性の雨が，
地殻の元素をとかした

微惑星の衝突が減少すると，高温だった原始の地球の表面は，ゆっくりと冷えていきました。大気中の水蒸気は雲となり，はげしい雨となって地上に降りそそいで，原始の海となったのです。この時の雨は，大気中の塩酸ガスや硫酸ガスにより，強酸性だったといわれています。

強酸性の雨は，地殻に含まれていた元素をとかしました。雨は川となって，大陸地殻に含まれていた元素が次々と海へ運ばれます。その結果，海には多くの種類の元素がとけこみ，現在の海と同じような組成になったと考えられています。

海をつくるほどの雨だなんて，
ものすごい量の雨が降ったんだね！

8 海底から大陸が生まれた

大陸がどのように生まれたのかは，謎だった

地球に海ができたとき，陸地は火山島のような小さなものしか存在しなかったようです。

大陸は，単なる水のたまらない標高の高い場所ではありません。実は，陸地をつくる「大陸地殻」と，海底をつくる「海洋地殻」は，岩石の種類がちがいます。

大陸地殻の上部は花崗岩質，海洋地殻は玄武岩質です。表層に2種類の地殻が分布するという惑星は，ほかに発見されていません。大陸地殻がどのように生まれたのかは，これまで大きな謎とされてきました。

海洋地殻がとけて，大陸地殻をつくった

　大陸地殻は，地球深部にまで運ばれた海洋地殻から生みだされた可能性が示されています。

　地球の内部構造をゆで卵にみたてると，中心の黄身が「核」，それを囲む白身が「マントル」，いちばん外側の殻が「地殻」です。

　マントルへもぐりこんだ海洋地殻がとけると，大陸地殻のもととなるマグマができます。そのマグマが上昇して，大陸地殻をつくったと考えられているのです。

地球に大陸と海洋があるのは，ほかの惑星にはない特徴なんだ。

8 大陸地殻の生まれかた

大陸地殻は，海洋地殻が地球深部へと沈みこむ場所で生みだされたと考えられています。海洋地殻がとけてできたマグマが上昇して，大陸地殻をつくったと考えられています。

当時の地球

陸地

44億年くらい前の地球は，ほとんど陸地がなかったんだカンス！

火山島

マグマ

海

海洋地殻

マントル

9 生命が生息できる環境がととのった

宇宙空間に生まれたシェルター

38億年前までの地球に，生命が生息できる環境が誕生しました。このシェルターは，地球の内部が「核」と「マントル」にわかれ，まわりが「海」と「大気」，「地球磁場」でおおわれたことで実現しました。どれも，生命が誕生するために欠かせない要素です。

地球磁場が，生物に有害な「太陽風」をさえぎる

核は，地球の中心部の鉄が集まった部分です。液体の鉄が流動することで，地球の周囲に地球磁場ができ，生物に有害な「太陽風」（太陽からの電気を帯びた粒子）などをさえぎります。マント

9 生命が生息できる環境

生命が生息できる環境は，地球の内部が「核」と「マントル」にわかれ，まわりが「海」と「大気」，「地球磁場」でおおわれたことで実現しました。

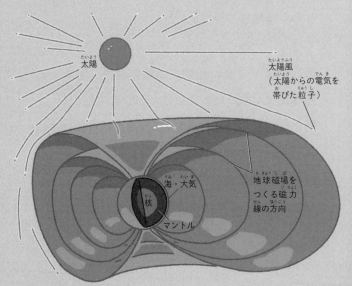

太陽

太陽風
（太陽からの電気を
帯びた粒子）

海・大気

核

マントル

地球磁場を
つくる磁力
線の方向

地球磁場

地球磁場は，地球のN極から出てS極に入る磁力線が，地球を何重にも取り巻くことでできています。太陽風は電気を帯びているため，地球磁場に近づくと磁力線に沿うように進路を曲げられます。

地球磁場があるから，太陽風
がさえぎられているのね！

45

ルは，核の周囲にある岩石の層です。固体の岩石がゆっくりと対流する過程で，熱水噴出孔や火山を通じて生命のエネルギー源になる物質がつくられます。また，マントル対流は火山列島を生み，陸地をふやしました。

　海は，太陽の光であたたまりやすい赤道から，あたたまりにくい極域へと熱を運び，地球をまんべんなくあたためました。そして大気には，二酸化炭素などの温室効果ガスが豊富に含まれていました。そのおかげで，このころの太陽の光は現在よりも弱かったにもかかわらず，地球は十分にあたたかく，水が凍らずにすんだのです。

生命が生息できる条件は，
複雑だカンス。

- **memo** -

地球の掘削記録は, 地下12キロ

　地面を掘りつづけたら, 地球の反対側までたどりつけるかもしれないと思ったことはありませんか。掘削の深さの世界記録は, ロシアの「コラ半島超深度掘削坑」だといわれています。

　コラ半島超深度掘削抗は, 地球の地殻を科学的に調べる目的で, 1970年に掘削が開始されました。ドリルを使って直径23センチメートルの穴を掘り進め, 1989年に, 現在も最も深いとされる地下12262メートルに到達しました。12262メートルの地中は, 180℃と想定よりも高温で, 岩石が変形しやすく, 掘った穴がすぐにつぶれてしまったそうです。このため掘削は, ここで中断されました。

　地表から約12キロメートルの深さというと, とても深いような気がします。しかし, 地球の表面

から中心までの深さは，約6400キロメートルもあります。まだ人類は，地球のおよそ0.2%の深さまでしか到達していないのです。

10 生命は，約38億年前に出現したらしい

約38億年前の地層に，黒いシミをみつけた

生命の誕生は，今から何億年前の出来事なのでしょう？

それを正確に知ることはできません。しかし，おおよそのところを推理することはできそうです。グリーンランドにある約38億年前の地層には，海水中で冷えて固まったとみられる溶岩が残されています。これは，この時代の地球にすでに広大な海があったことを物語っています。そして，デンマークの地質学者のミニック・ロージング（1957 ～ ）は，1999年に，古い生命の痕跡を報告しました。グリーンランドにある約38億年前の地層に，黒いシミをみつけたのです。この黒いシミは，炭素のかたまりです。

10 38億年前の地球

グリーンランドでみつかった約38億年前の地層には，火山から噴きだしたマグマが海水によって冷やされてできる「枕状溶岩」とみられる溶岩がみつかっています。そのためこの時代の地球には，広大な海が広がっていたと考えられています。

40億年前〜25億年前までの古い地層は，グリーンランドだけでなく，カナダやインドなど，世界各地でみつかっているよ。

軽い炭素は,
生物の活動によるもの

　宇宙に存在する炭素には,軽い炭素(^{12}C)と重い炭素(^{13}Cなど)があります。生物が二酸化炭素などを取りこむとき,軽い炭素がより速く取りこまれることがわかっています。ロージングは,38億年前の地層に残る炭素のかたまりを調べ,そこで軽い炭素がより濃縮されていることを突き止めました。この濃縮は,約38億年前の地球に存在していた,何らかの生物の活動によるものだろうというのです。

38億年も前の炭素が残っているなんて,すごい!

52

11 生命の材料は, 雷がつくったのかもしれない

オパーリンは, 「化学進化」をとなえた

　生命は, どうやって生まれたのでしょう。**ロシアの科学者のアレキサンダー・オパーリン（1894〜1980）は, 1924年, 生命の誕生が3段階を経ておきるという「化学進化」をとなえました。**

　まず第1段階で, 大気中のメタンやアンモニアが反応し, アミノ酸や塩基などがつくられます。第2段階では, タンパク質や核酸がつくられて海中にたまり,「原始スープ」ができます。そして第3段階で, タンパク質や核酸を包んだ原始細胞ができ, 最初の生命となったというものです。

ミラーは, 原始地球の大気を再現した

オパーリンの考えは, すぐには受け入れられませんでした。当時, アミノ酸などの化合物は, 生物だけがつくることができると考えられていたからです。その状況を一変させたのは, アメリカの科学者のスタンリー・ミラー(1930 ～ 2007)でした。

ミラーは, 当時の想定にもとづき, 原始地球の大気を再現する実験を行いました。アンモニア, メタン, 水素, 水蒸気の混合気体をフラスコの中で循環させて, 雷 に相当する放電をつづけたのです。何日かすると, フラスコの底には, アミノ酸や塩基などがたまっていました。オパーリンのいう, 化学進化の第1段階が再現されたのです。

注:現在では, 原始地球の大気の主成分は, 窒素や二酸化炭素などの反応しづらい分子だったと 考えられています。

54

11 ミラーの実験

イラストは，ミラーが想定した原始地球の大気から，雷のエネルギーによってアミノ酸や塩基が合成されるようすをえがいています。

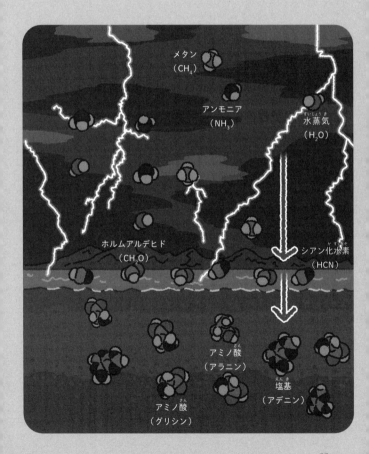

メタン
（CH₄）

アンモニア
（NH₃）

水蒸気
（H₂O）

ホルムアルデヒド
（CH₂O）

シアン化水素
（HCN）

アミノ酸
（アラニン）

塩基
（アデニン）

アミノ酸
（グリシン）

12 生命誕生の最有力地は，海の底

有力な候補とみられる，「熱水噴出孔」

　ほとんどの研究者は，最初の生命が誕生した場所は海の中であるという考えで一致しています。化学反応の組み合わせである生命現象にとって，水は欠かせません。では，海のどこで生命は誕生したのでしょうか。

　その有力な候補地とみられるのが，海底の「熱水噴出孔」です。熱水噴出孔とは，その名の通り，マグマで温められた熱水が海底から噴きだす場所です。

12 熱水噴出孔での反応想像図

熱水噴出孔から噴きだす熱水の中で，アミノ酸がつながってタンパク質になる反応がおきたと考える研究者もいます。こうした反応は，通常の水の中ではおきません。

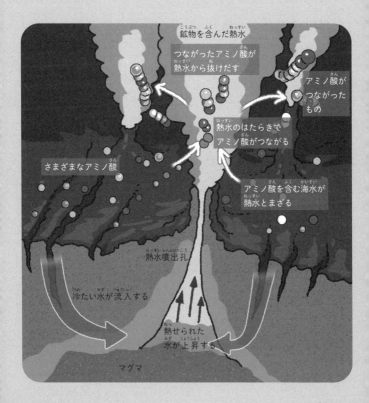

鉱物を含んだ熱水

つながったアミノ酸が熱水から抜けだす

アミノ酸がつながったもの

熱水のはたらきでアミノ酸がつながる

さまざまなアミノ酸

アミノ酸を含む海水が熱水とまざる

熱水噴出孔

冷たい水が流入する

熱せられた水が上昇する

マグマ

アミノ酸などの有機物が
生成される

　熱水噴出孔には，生命誕生に都合のよい点が多くあります。まず，熱水というエネルギー源があります。そして熱水には，メタンやアンモニアなどが豊富に含まれています。熱水中と同じような環境で実験を行ったところ，メタンやアンモニアなどから，アミノ酸などの有機物が生成されることが確認されました。

　中でも水深2200メートルよりも深いところにある熱水噴出孔からは，400℃に達する熱水が噴きだしています。水圧の高い深海底では，水の沸点が高くなるためです。このような熱水中では，アミノ酸がつながって，タンパク質になる可能性があることもわかっています。

13 膜のカプセルが、生命へとつながったらしい

外界との境界をなす「膜のカプセル」

DNAやタンパク質などが豊富に準備されるだけで、生命は自然に出現するのでしょうか。生命の材料分子をいくら用意しても、大量の水があるところでは分子が拡散してしまいます。

オパーリンは、生命の誕生には、外界との境界をなす「膜のカプセル」が必要であるととなえました。膜のカプセルの中に、生命の材料となる分子が閉じこめられれば、分子どうしが出会う機会がふえて、化学反応が活発になるかもしれません。そうして、生命現象をいとなむ原始の細胞が誕生したと考えたのです。

リン脂質の膜か，
タンパク質の膜か

　では，最初の細胞膜は，どんな分子でできたのでしょう。現在の細胞膜は，「リン脂質」という分子が集まってできています。しかし，リン脂質は触媒がないかぎり，自然につくられるのがむずかしい有機物です。どんな膜が最初に出現したのかについては，現在さまざまな説があります。リン脂質の膜が最初だとする研究者もいれば，タンパク質でできた膜が最初だと考える研究者もいます。

ほかにも，鉱物の表面で，生命の誕生にとって重要な化合物の濃縮がおきたという説もあるんだ。

13 最初の細胞の想像図

原始の海に誕生した，最初の細胞の想像図をえがきました。何らかの分子を材料にした細胞膜の中に，大小さまざまな化合物が閉じこめられ，それらがさまざまな化学反応を通じて結ばれます。こうした化学反応のネットワークが，生命のはじまりだったと考えられています。

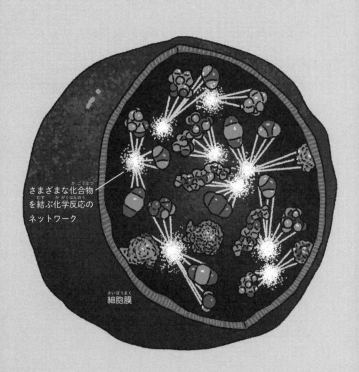

さまざまな化合物を結ぶ化学反応のネットワーク

細胞膜

14 生命がどうやって生まれたのか，まだわかっていない

生命起源の研究には，二つのアプローチがある

最初の生命が，どんな分子から生まれたのか，その決着はまだついていません。

生命起源の研究には，二つのアプローチがあります。一つは，化学進化によって無機物からどのような有機物が生じ，どのような生命体がつくりだされたのかを検証するアプローチです。もう一つは，現在の生物の祖先をたどり，その共通祖先や，さらに原始的な生命の姿を探るアプローチです。この両者がどこかでぶつかれば，生命の起源のなぞは解けるかもしれません。しかしそのギャップは，まだ大きいといわざるをえない状況です。

14 共通祖先への進化

最初の生命は，ある時点で「RNA（リボ核酸）」とタンパク質の両方をそなえたものに進化し，その後「DNA（デオキシリボ核酸）」をも利用する共通祖先へと進化したと考えられています。

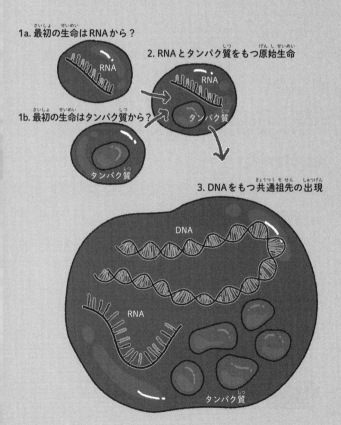

1a. 最初の生命はRNAから？

2. RNAとタンパク質をもつ原始生命

1b. 最初の生命はタンパク質から？

3. DNAをもつ共通祖先の出現

もっと多くの生命を知る必要がある

両者のギャップを埋める道の一つは，実験室の中で「人工生命」をつくりだし，その成立条件を探ることだといわれています。条件さえととのえば，近い将来，実験室で生命とよべるものをつくりだすことに成功してもおかしくはありません。

そしてもう一つが，宇宙生命探査への期待だといいます。生命の起源は何か，そして生命とは何かを知るには，私たちはもっと多くの種類の生命を知る必要があるというのです。

火星や木星にも生命はいるのかな？

64

memo

スタンリー・ミラーの実験

科学的発見にわきたつ時代で科学に自然と興味をもっていった

ミラーは1930年、カリフォルニア州で生まれた

その後、シカゴ大学に入学して大学院生に

1951年にカリフォルニア大学で化学の学士号を取得

「有機分子が原始地球の大気中で合成されうる」という考え方を知る

太陽系の起源についてハロルド・ユーリーのセミナーに出席

生命誕生前の地球の状態を再現する装置をつくった

ミラーはユーリーを指導教官として実験を開始

66

原始のスープを再現

最初の生命が地球上で生まれたことは

まちがいのないことのように思われた

しかし当時生命のもととなる有機物は

生物の体内でしかつくられないと考えられていた

つくった装置で実験を1週間つづけたところその溶液には次第に色がついていった

生命のもとのひとつアミノ酸の誕生だった

1953年ミラーはこの実験結果を単著の論文として発表

ユーリーはミラーがすべてを行ったとして自身の名前を論文にのせなかった

第2章

酸素の発生と地球大凍結

約27億年前，光合成をして酸素を出す生物が登場すると，地球の環境は一変しました。ときには，地球の表面全体が氷でおおわれてしまったこともあったといいます。第2章では，地球に発生した酸素と，地球の大凍結についてみていきましょう。

1 大気に酸素はなく，地球の空は赤かった

メタンや二酸化炭素などが豊富にあった

27億年前の地球には，地球とは思えない風景が広がっていました。空は赤みがかっており，遠くのほうはかすんでいます。そしてその空の色を映す海もまた，赤みがかっていました。

このころ，地球の大気には酸素がほとんどなく，二酸化炭素やメタンなどの温室効果ガスが豊富にありました。また，メタンの化学反応でできる微粒子が，大気中に大量に存在していたと考えられています。空が赤っぽくかすんでいたのはそのためだったのです。一方海には，鉄イオンが豊富にとけていました。

1 酸素がなかったころの地球

地球の大気の成分は，窒素，二酸化炭素，メタンなどでした。微粒子が多いために遠くがかすんで見え，空が赤っぽかったと考えられています。

ストロマトライト

ストロマトライトは，シアノバクテリアの死がいと泥などからなる層状の岩石です。シアノバクテリアは，ストロマトライトの表面で光合成を行い，死ぬと次の世代のシアノバクテリアの足場になります。

「シアノバクテリア」が
大発生していた

当時の地球には，二酸化炭素やメタンなどの温室効果ガスが豊富にあったため，温かい環境が維持されていました。このため，酸素を必要としない，単細胞の「原核生物」たちが生きていました。

そして27億年前ごろまでに，「シアノバクテリア」とよばれる原核生物が，大発生しました。シアノバクテリアは，二酸化炭素と水，太陽の光を利用して光合成を行い，酸素を放出するラン藻類です。このシアノバクテリアが，7億年〜8億年かけて，地球環境を激変させていきます。

地球上の酸素は当初，シアノバクテリアの光合成によって生み出されたと考えられているんだ。

2　酸素が空を青くした

赤かった空が，青く澄みわたった

　シアノバクテリアが光合成を行って放出した酸素は，海中の鉄イオンと反応して「酸化鉄」になり，海底に堆積しました。一方大気中では，酸素とメタンが反応し，メタンを減少させました。その結果，メタンによってできる微粒子が減り，赤かった空は，青く澄みわたった空へ変わっていきました。

地表が氷でおおわれ，「全球凍結」がおきた

　シアノバクテリアによる光合成は，大気中の二酸化炭素を減少させ，酸素を増加させました。また，酸素とメタンが反応したことで，メタンも

減少させました。温室効果をもつ二酸化炭素とメタンがへったため，地球は寒冷化していきました。そして24億年前，ついに地球の表面全体が氷でおおわれ，地球史上はじめての「全球凍結」がおきたのです。

　シアノバクテリアは，みずからが引きおこした全球凍結によって氷の下に閉じこめられ，いったん光合成量が減少しました。しかし火山が放出する二酸化炭素が大気中に十分ふえ，氷がとけると，ふたたび光合成を行うようになりました。

「全球凍結」とは仮説の和名で，もともとは英語で「Snowball Earth（雪玉地球）」というカンス。

2 全球凍結した地球

空は青く澄みわたり，見渡す限り氷原が広がっています。24億年前，温室効果ガスが減ったことにより，地球ははじめての全球凍結に見舞われました。

厚い氷

3 酸素を効率よく利用する「真核生物」が登場

ミトコンドリアは,酸素を使って栄養を分解する

　21億年前,単細胞生物の構造が激変しました。「原核生物」よりもはるかに構造が複雑で,さまざまな器官をもつ「真核生物」が出現したのです。真核生物とは,自分の遺伝情報を記録したDNAを膜でおおった,「核」とよばれる器官をもつ生物のことです。

　真核生物がもつ器官の一つである「ミトコンドリア」は,酸素を使って栄養を分解し,その際に得られるエネルギーで真核生物の活動を支えています。このため原核生物が真核生物へと進化した際,ミトコンドリアの獲得が重要だったと考えられています。

3 真核生物の出現

イラストは，真核生物が出現したとき，ミトコンドリアをどのように獲得したのかの仮説です。はじめは，酸素呼吸をする原核生物とメタンを排出する原核生物の「メタン菌」が，共生関係にありました。やがて，メタン菌の中から真核細胞へと進化したものがあらわれ，さらにミトコンドリアを取りこんだと考えられています。

1. 2種類の原核生物が共生関係にあった
酸素呼吸生物は，酸素と栄養を取りこんで，水素と二酸化炭素と酢酸を排出します。メタン菌は，水素と二酸化炭素と酢酸を取りこんで，メタンを排出します。

酸素　栄養

水素

DNA

二酸化炭素

酢酸

酸素呼吸をする原核生物

メタンを排出する原核生物の「メタン菌」

メタン

エネルギー

酸素呼吸をする原核生物

真核生物

核（膜でおおわれたDNA）

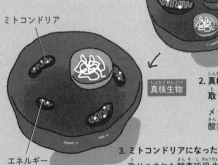

ミトコンドリア

真核生物

2. 真核生物が，酸素呼吸生物を取りこんだ
メタン菌が真核生物へと進化し，酸素呼吸生物を取りこみました。

エネルギー

3. ミトコンドリアになった
取りこまれた酸素呼吸生物が，真核生物のミトコンドリアになりました。

酸素呼吸をする原核生物を取りこんだ

　真核生物は，どのようにしてミトコンドリアを獲得したのでしょうか。

　当時一部の原核生物に，酸素呼吸をする進化がおきたと考えられています。酸素を使って栄養を分解すると，大きなエネルギーを得られるためです。この酸素呼吸をする原核生物が，ミトコンドリアの祖先だといいます。つまり真核生物は，酸素呼吸をする原核生物を細胞内に取りこむことで，酸素がふえつつある環境に適応したと考えられているのです。

真核生物が人類の祖先ということになるのかな？

memo

サンショウウオが光合成？

おなかがへってしかたがないときに，ふと「光合成ができたらなあ」という考えが，頭をよぎったことはありませんか？

キボシサンショウウオの卵は，薄い緑色をしています。卵の内部で藻類が共生し，光合成をしているのです。卵が生まれた直後は，胚のまわりで藻類が光合成をし，酸素をつくります。藻類は，見返りとして，胚から出る排泄物をもらいます。やがて胚に神経系ができるころ，藻類は胚の細胞の中に入りこみます。藻類は，キボシサンショウウオの体内では輸卵管や輸精管などにかくれていて，産卵の際に卵の中に入りこむのではないかと考えられています。

脊椎動物は，ほかの生物が体内に侵入すると，

免疫細胞で攻撃をします。そのため，体内にほかの生物を共生させることはできないと考えられていました。しかし，サンショウウオが体内に藻類を共生させられるのなら，いつか人間も光合成ができるようになるかもしれませんね。

4 超大陸「ロディニア」が, 誕生した

いくつかの大陸が, 一つに集まった

　真核生物が出現してから12億年もの間, 地球は変化の少ない時代がつづいていました。そしておよそ9億年前に, いくつかの大陸が一つに集まり, 南半球に超大陸「ロディニア」が出現しました。大陸どうしがぶつかってできた地域では, 高い山脈ができました。陸地に植物などの生物が存在しないため, 岩や砂地がむきだしの, 荒涼とした大地が広がっていました。

生物大繁栄の舞台となる, 母なる大地

　ロディニアの広大な陸地は風雨に浸食され, 生物の栄養になる「リン酸塩」などの物質が, 陸

4 超大陸ロディニア

イラストは，およそ9億年前に存在した超大陸ロディニアです。ロディニアの細部がどんな配置だったかについては，さまざまな説がとなえられています。

注：イラストのロディニアの大陸配置は，2008年にオーストラリアのカーティン大学の李正祥 教授らが発表した論文をもとにしています。

地から沿岸の海に流れこんでいました。

　ロディニアという名前は，ロシア語で故郷や母国語などを意味する「ロディナ」という言葉にちなんでつけられました。この超大陸は，のちにその沿岸の海が，「エディアカラ生物群」とよばれる生物たちの生息場所や「カンブリア大爆発」とよばれる生物大繁栄の舞台となる，まさに母なる大地だったのです。

日本列島もロディニアの一部だったのかもしれないね！

5 ロディニアの分裂が, 地球を氷づけにした

二酸化炭素の減少に, 大きくかかわった

　地球はこれまでに, 何回か全球凍結をしたといわれています。しかしそれぞれの全球凍結の原因は, 現在でもよくわかっていません。

　地球の二度目の全球凍結は, 約7億1500万年前におきたと考えられています。このときの全球凍結では, 9億年前に形成された超大陸ロディニアの分裂が, 温室効果をもつ二酸化炭素の減少に大きくかかわっていたという仮説が有力視されています。

大気中の二酸化炭素が，海底に堆積した

　ロディニアは，7億5000万年前ごろから少しずつ分裂をはじめたと考えられています。

　分裂したロディニアの間に海ができると，かつて内陸にあった乾燥した地域にも，雨が降るようになりました。雨は，大気中の二酸化炭素を取りこみ，さらに地上の岩石に含まれるカルシウムなどの金属元素をとかして，海へと流れました。そして二酸化炭素と金属元素は，水中で反応して「炭酸塩」となり，海底に堆積しました。

　こうして大気中の二酸化炭素が減少し，地球全体が凍結するほどの寒冷化がはじまったと考えられているのです。

5 分裂するロディニア

超大陸ロディニアは，数千万年～数億年の時間をかけて少しずつ分裂していきました。当時の大陸のほとんどは，赤道付近に分布していたと考えられています。

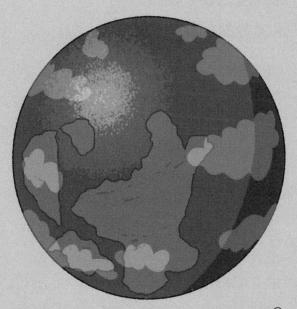

今とはずいぶん大陸の位置がちがうカンス！

6 厚さ1キロメートルの 氷におおわれた「全球凍結」

高緯度側から, 氷でおおわれはじめる

　寒冷化がはじまると, 地球はどのように凍りついていくのでしょうか。

　地球は, 北極や南極などの高緯度側で気温が低く, 赤道付近で気温が高くなっています。そのため, まず高緯度側から徐々に氷でおおわれはじめます(90ページのイラスト1)。

　一般的に, 陸が氷でおおわれると, 岩石から金属元素がとけだしにくくなるため, 大気中の二酸化炭素の減少が抑制されて, 寒冷化は停滞します。しかし7億5000万年前ごろは, すべての大陸が赤道付近にあったため, 陸が氷であまりおおわれず, 二酸化炭素は減少しつづけました。

こうして氷は，拡大をつづけていったのです。

氷の面積が拡大すると，寒冷化が加速する

氷は，雲や海にくらべてはるかに光を反射するため，地球をおおう氷の面積が拡大すると，ますます光を反射して，寒冷化が加速します（91ページのイラスト2）。

　地球をおおう氷が北緯・南緯20〜30度にまで達すると，地球は数百年程度で一気に凍りづけになってしまうと考えられています（91ページのイラスト3）。

こんな環境で，生物は生きていけたのかな？

6 地球をおおう氷

寒冷化がはじまると，地球は北極や南極から赤道方向に向かって，少しずつ凍っていきます。寒冷化が進むとともに，氷は赤道に向かって前進し，最終的には地球全体が氷におおわれます。一度氷におおわれると，簡単には元にもどらなくなります。

1.北極や南極から順に，
　少しずつ氷が拡大します

90

2. 北半球側の氷と，南半球側の氷が
　 赤道に向かって前進します

3. 一度凍ると，そう簡単には
　 もどりません

7 火山活動で，全球凍結は終わった

二酸化炭素が，大気中に蓄積された

氷でおおわれた地球でも，火山活動はつづいていました。

仮説では，火山活動によって長い年月をかけて二酸化炭素が大気中に蓄積されて，温暖化が進み，氷がとける温度に達したと考えられています。6億年前〜7億年前におきた全球凍結では，地球の氷をとかすために，現在の二酸化炭素濃度の約400倍もの二酸化炭素が必要だったと考えられています。

7 氷でおおわれた火山

全球凍結の時代の地球表面は，平均マイナス40℃にもなる極寒の世界で，海洋は厚さ1000メートルにもおよぶ氷でおおわれていました。氷でおおわれた火山からはときおり噴煙が上がり，大気へ少しずつ二酸化炭素が供給されていたと考えられています。

二酸化炭素

地球をおおう氷は，
数千年ほどで一気にとけた

　気温が上昇して氷がとけはじめると，氷にくらべて光を吸収しやすい地表があらわれるため，地球は暖まりやすくなります。地球が暖まりやすくなれば，気温が上昇し，氷がさらにとけます。地表面の光の反射率がよりいっそう低下し，地球はさらに暖まりやすくなります。

　こうして，気温の上昇が加速されていくと，地球をおおう氷は数千年ほどで一気にとけてしまいます。また，氷がとけきった地球は，それまで蓄積されていた温室効果ガスの影響で，平均気温が約60℃もの灼熱の世界になっていたと考えられています。

8 多数の細胞が集まって，多細胞生物が誕生

表面にある細胞以外は，酸素にさらされない

6億3000万年前，微生物に飛躍的な進化がおきたと考えられています。1個の細胞だけで生きる「単細胞生物」とはことなり，複数の細胞からなる「多細胞生物」があらわれたのです。単細胞生物から多細胞生物への進化がおきた理由とは，何なのでしょうか。

仮説の一つに，約6億年前に海洋中の酸素濃度が急増したことが，多細胞生物の出現につながったとする説があります。酸素は，栄養を分解して大きなエネルギーを取りだすために欠かせない反面，細胞自身も傷つきやすいという欠点があります。そこで細胞どうしで集まることで，酸素を共有しながら，表面にある細胞以外は過剰な酸

素にさらされずにすむようにしたというのです。

酸素で「コラーゲン」を
つくりやすくなった

一方，実は多細胞生物はもっと昔に出現していて，約6億年前に酸素がふえたのをきっかけに繁栄をはじめたという説もあります。酸素が急増したことで，多細胞生物が細胞どうしを接着する「コラーゲン」をつくりやすくなり，多細胞生物がふえたというのです。

酸素が増えた理由については，98ページからみていこう。

8 多細胞生物の起源

多細胞生物がどのようにしてできたのかには，さまざまな説があります。イラストにえがいたのは，単細胞生物が集まってできた「群体」です。群体は，たくさんの個体が連結して，一つの個体のようになったものです。この群体が，多細胞生物の起源という説があります。

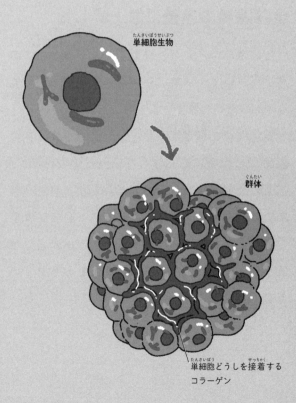

単細胞生物

群体

単細胞どうしを接着する
コラーゲン

9

全球凍結が，生物の進化を
うながしたのかもしれない

酸素濃度は，
全球凍結の直後に急上昇した

　全球凍結は，大気の酸素濃度の上昇と生命の進化において，非常に重要な出来事だった可能性が高いといわれています。

　実は地球の酸素濃度は，シアノバクテリアの誕生から徐々に高くなっていったのではなく，二度の全球凍結の直後に急上昇したと考えられています。これは，全球凍結という過酷な環境を生きのびたシアノバクテリアが，氷がとけた直後に，爆発的に増殖したためだとみられています。

❾ 酸素濃度の変遷

グラフは，現在の酸素濃度を1として，過去の大気の酸素濃度を示しています。また，グラフの灰色の帯は，全球凍結（氷河時代）の期間を示しています。大気中の酸素濃度は，過去に二度，急上昇しました。

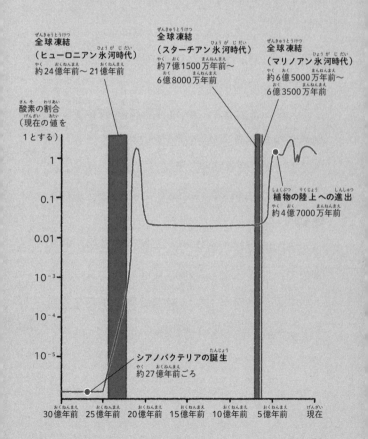

酸素を利用できる生物が 生き残った

二度の酸素濃度の急上昇によって，生物の勢力にも大きな変化があったと考えられています。

約21億年前の地層からは，「真核生物」の化石が発見されました。それ以前の時代の生物は，酸素をほとんど利用できなかったと考えられています。もしかすると，約22億年前〜20億年前に酸素濃度の急上昇がおきたことで，酸素を利用できる生物が生き残り，その後，真核生物へと進化をとげたと考えることができるかもしれません。

もし，地球がこれまでに一度も全球凍結を経験していなかったら，地球には今もなお，シアノバクテリアのような単純な生命しか存在しなかったのかもしれないのです。

memo

10 海中に，生命の楽園が つくられた

複雑な感覚器官をもたない， やわらかな生物たち

5億7000万年前，超大陸ロディニアの周囲に広がる浅い海では，「エディアカラ生物群」とよばれる生物たちが暮らしていました。エディアカラとは，当時の化石が多数みつかる南オーストラリアの「エディアカラ丘陵」に由来しています。

エディアカラ生物群は，骨や歯，殻などのかたい部分や，目などの複雑な感覚器官をもたない，やわらかな生物たちだったと考えられています。そのため，たがいの存在に気づきにくく，ほかの生物を襲うことは少なかったとみられています。動けないものはただよってきた有機物をこしとって吸収し，動けるものは海底をはいまわり，バ

クテリアなどを食べていたようです。

体節に共通する「たがいちがい」の構造

しかしエディアカラ生物群は，この後につづくカンブリア紀に子孫を残すことなく，絶滅したといわれます。

　彼らの体節には，共通してたがいちがいの構造があります。この構造は，のちの生物には一切見られません。ただし，絶滅の理由は不明で，ごく一部はカンブリア紀の初期まで生きのびたという考え方もあります。

前のページの多細胞生物から，どうやって進化したんだろう？

103

10 エディアカラ生物群

超大陸ロディニアの周囲に広がる浅い海にくらしていた,エディアカラ生物群です。骨や歯,殻などのかたい部分や,目などの複雑な感覚器官はなかったと考えられています。

チャルニア
大きいもので2メートル近いと推測されています。

ヨルギア
長さ15センチメートルほど。

どれも，変わった形をしているね！

エルニエッタ
高さ10センチメートルほどの
袋状をしています。

ディッキンソニア
最大1メートル弱。

トリブラキディウム
長さ3〜4センチメートル。

キンベレラ
体長数センチ
メートル。

105

永久凍土から
古代ウイルス発見

　北半球の大陸の2割ほどをおおう永久凍土の厚さは，場所によっては650メートルにもなります。その永久凍土の中には，古代のさまざまな生物や資源が閉じこめられています。

　2014年，シベリアの永久凍土の地表30メートルの深さから，およそ3万年前の氷床が採取され，その中からウイルスが発見されました。このウイルスは，「ピソウイルス」と名づけられました。ピソウイルスは，長さが約1.5マイクロメートル，直径が約0.5マイクロメートルで，それまで最大のウイルスとして知られていた「パンドラウイルス」の，約2倍もの大きさがありました。

　ピソウイルスは，およそ3万年もの間，氷に閉じこめられていたにもかかわらず，感染能力があ

りました。実験室でピソウィルスをアメーバの培養液に入れたところ，アメーバがピソウィルスに感染したのです。今後地球の温暖化で永久凍土の融解がすすむと，永久凍土に閉じこめられていた未知のウイルスが地上にあらわれて，人類の脅威となる恐れがあります。

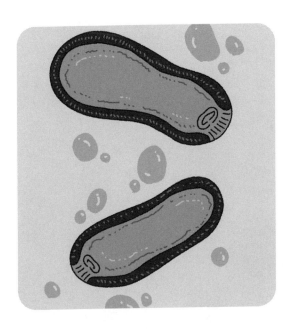

第3章

生命は陸上に進出し，恐竜の時代がやってきた

海中で繁栄していた生物たちの一部が，生き残りをかけた戦いの中で，少しずつ陸上に進出し，進化していきました。やがて恐竜たちが，陸上を支配します。第3章では，生命の上陸から，恐竜の時代までをみていきましょう。

1 海中に，眼をもつ生物が登場した

奇妙な姿の生物たちが，一挙に誕生した

およそ5億4000万年前〜5億1000万年前にかけて，カンブリア紀の海中には奇妙な姿の生物たちが繁栄していました。これらの生物は，生命の歴史の中では一瞬といってもよい，数百万年〜1500万年間という短期間で，一挙に誕生したようです。この生命史における大事件を，「カンブリア大爆発」といいます。

「眼」をもち，たがいを発見しやすくなった

カンブリア大爆発の最大の特徴は，軟体性の動物から，硬組織をもった動物たちが進化したと

110

いうことです。また，カンブリア大爆発後の動物

化石の多くには，昆虫のような外骨格や，長く

飛びでた眼，鋭い口，剣のようなトゲなどの，

複雑な構造があります。

　なぜ，さまざまな動物が，ほぼ同時期にいっせ

いにあらわれたのでしょうか。実はこのころ，生

物がはじめて眼をもち，たがいを発見しやすくな

ったからだといわれています。生物がほかの生物

を発見しやすくなったということは，食うか食わ

れるかの生存競争が，よりはげしくなったこと

を意味します。そのため，生き残りをかけた急

激な進化がおき，形の種類が爆発的にふえたの

だというのです。

カンブリア紀は，かたい殻をもった生物
群が爆発的にふえた時代でもあって，殻
の材料は炭酸塩鉱物，珪酸質，リン酸カ
ルシウムなど，さまざまだったんだ。

1 カンブリア大爆発

カンブリア紀には，奇妙な姿の生きものたちが海中で大繁栄していました。獲物を積極的に襲ったり，天敵からすばやく逃げたりするために，筋肉や骨格（殻）をもった生物群がいっせいにあらわれました。

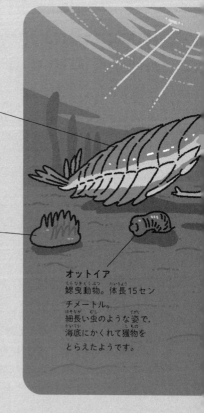

アノマロカリス
体長1メートルで，カンブリア時代の生物群の中で最大。

ウィワクシア
軟体動物。体長5センチメートル。DVDの裏面のような色（構造色）をしていたと考えられています。

オットイア
鰓曳動物。体長15センチメートル。細長い虫のような姿で，海底にかくれて獲物をとらえたようです。

カナダスピス
二枚貝のような
殻をもちます。

アイシュアイア
有爪動物の仲間。
体長6センチメートル。

オパビニア
節足動物。
体長10センチメートル弱。

ピカイア
脊椎に似た「脊索」
をもっています。
体長5センチメー
トル。

113

2 殻をもつ節足動物が，海を支配した

生態系の頂点に立っていた節足動物

　カンブリア大爆発によって，多くの動物が出現しました。では，いったいどのような生物が，当時の生態系の頂点に君臨したのでしょう。

　生態系で頂点に立つための一つの条件に，大型であることがあげられます。しかし，脊椎動物の祖先として出現した魚類は，体長数センチメートルに満たない小型のものばかりでした。こうした弱々しい脊椎動物にかわり，生態系の頂点に立っていたのが節足動物です。その支配は，1億年以上にわたってつづきました。

2 シルル紀最大の海洋生物

イラストは，ウミサソリの一種の「プテリゴトゥス」
をえがいたものです。プテリゴトゥスは，体長が2
メートルをこえていたとされています。多機能化し
た足と，垂直尾翼のような尾をもち，安定した泳ぎ
で獲物を狩っていました。

僕よりも大きかったんだね！！

「ウミサソリ」の足は、多様な用途をもっていた

節足動物は文字通り、節のある足の能力をおおいに発揮することで、地球を支配していました。かたい殻をもつ節足動物の特性は、ほかの動物よりも有利にはたらいたといわれています。

115ページのイラストは、シルル紀の海を代表する節足動物の「ウミサソリ」です。ウミサソリの足は遊泳用、歩行用などの移動に関するもののほか、獲物を捕らえるためのもの、口の近くで獲物をおさえておくためのものなど、多様な用途をもっていました。そして、何よりも大型化に成功し、大きな種では2メートル前後のものも確認されています。

memo

── 4億2000万年前 ──

3 あごを手に入れた魚類が, 急速に大型化した

魚類が, 海洋生態系の表舞台に登場

　節足動物が繁栄していた当時, 私たちの祖先である魚類は, 小さな小魚でしかありませんでした。しかもこの小魚は, ナメクジウオのようにあごをもたず, 獲物を補食するという点できわめて脆弱でした。しかし今から4億2000万年前, デボン紀がはじまると, 魚類が海洋生態系の表舞台に登場します。

あごを使って, 効率的に捕食した

　魚類を表舞台に押し上げたのは, 「あご」の誕生です。あごは, 相手を効率的に補食することを可能にします。結果, 魚類は急速に多様化し,

118

そして大型化していきました。それまで，大きなものでも数十センチメートルをこえなかった魚類が，この時代，一気に体長数メートルのサイズへと巨大化しました。なかには，体長7メートルという巨体をもつものもいました。

　こうした魚類の繁栄と時を同じくして，大型の節足動物として海洋生態系の頂点に君臨していたウミサソリは，姿を消していきます。そして覇権を確立した魚類は，今日に至るまで海洋生態系の王者の座を維持しつづけることになります。

あごはもともと，えらだったという「えら起源説」と，口の中にあった軟骨からできたという説があるそうよ。

3 魚類の台頭

デボン紀に海洋生態系の主役の座を奪った，さまざまな魚類です。大きな変化は，あごのある魚が出現したことです。

メサカンサス

ディクソノステウス

パラメテロラスピス

オイラの大先輩たちだカンス！

ボロレピス

ドリアスピス

121

危険な魚「ダツ」

　ダツは，全長が最大で1メートルほどになる魚で，暖かい浅瀬を好んで生息しています。くちばしのように鋭くのびたあごが特徴です。食べものの小魚をとらえる際，光るうろこなどを目印にすることから，光るものに突進していく性質があります。

　その突進の勢いはすさまじく，ときには時速60キロメートルもの速さで水面を飛びだします。夜にヘッドライトをつけたまま水面をのぞきこんだ釣り人が，突進してきたダツに顔や体を突き刺され，命を落とすといった事故もおきています。ダツの多く生息する暖かい海域では，「ダツはサメよりもこわい」ともいわれているのです。

　一方で，ダツはとてもおいしい魚です。小骨が

多い部分をうまくよけてさばけば，脂が少なく，さっぱりとした白身の刺身が楽しめます。ダツの骨は鮮やかな青緑色で，色のついた骨は新鮮さの証拠といわれています。

4 植物が陸にあがり，水辺が緑におおわれた

緑藻の仲間が，陸上に進出した

最初の植物が陸上への進出を果たしたのは，オルドビス紀のころ（4億7000万年前）だと考えられています。海中で生きていた赤い色素をもつ「紅藻」と緑の色素をもつ「緑藻」のうち，緑藻の仲間が淡水へと進出し，さらに陸上に進出したのです。植物は，陸上に出ることで，光合成のための光をより多く得られるようになりました。

陸地に，土が誕生した

植物が上陸するためには，さまざまな課題を解決する必要がありました。まず，水中とちがって浮力がはたらかないため，重力に抵抗して，

体の構造を支える必要があります。そこで，「リグニン」という成分で細胞壁を強化しました。くわえて，竹のような中空で軽量な茎を手にし，地面に立ちました。また，固体の油分「クチクラ」（ろうの一種）で表面をおおい，乾燥にも耐えられるようになりました。

　植物が広がるにつれて，陸地は水を求める根に掘り返され，枯れた植物が微生物に分解されていきました。その結果，陸地は有機物に富んだ粒子でおおわれていきました。「土（土壌）」の誕生です。陸地は，海につづく第2の生命の楽園に変わっていったのです。

「リグニン」があると，植物の細胞表面から水分が蒸発していくのをおさえることができる。つまり，乾燥に強くなり，植物全体の強度も増すということなんだ。

125

4 陸にあがった植物

水辺には，ひょろひょろとした茎からなり，葉をもたない「原始維管束植物」が繁茂していました。維管束とは，水分や養分を吸い上げる役割と，体を支える役割をあわせもつ組織です。

プシロフィトン
高さ60センチメートルほどまで成長したものも。

アステロキシロン
原始的な維管束植物で，高さ50センチメートル。

スキアドフィトン
原始的なコケ植物。

タエニオクラダ
ゾステロフィルムと同類で，水生だったと考えられています。

アグラオフィトン
クックソニアと同じ仲間で，維管束をもたない植物。高さ20センチメートルほど。

ゾステロフィルム
がま口のように胞子嚢が開きます。高さ30センチメートルほど。

クックソニア
高さ数センチメートル。茎が分かれた先に胞子嚢がついています。

5 動物たちが地上に進出した

節足動物の外骨格は、重力に耐えられた

今から4億3000万年前、動物の中では昆虫がいち早く上陸を果たしたとみられています。

昆虫が早く上陸できた理由は、脊椎動物ほどには全身を変化させる必要がなかったからだと考えられています。節足動物の骨格とは、体を包む殻の部分にあたります（外骨格）。この外骨格は軽くてじょうぶなので、陸上の重力に耐えることができました。また、体液の蒸発を最小限にしつつ、呼吸できる構造（気門）も手に入れていました。

5 上陸を果たした動物

イクチオステガは，初期に上陸を果たした脊椎動物とみられます。アカントステガは，水中で生活したものの，手足を獲得していたとみられています。ユーステノプテロンは，ひれの中に骨をもっていました。

イクチオステガ
全長1メートルほどの両生類です。

小さなムカデ
節足動物は，脊椎動物よりも先に上陸していました。

アカントステガ
発見地と生息年代は，イクチオステガとほぼ同じです。魚類から陸上の脊椎動物に進化する途中の生物だと考えられています。

ユーステノプテロン
全長1メートルほどの魚類で，現生のシーラカンスと同じ「肉鰭類」に属します。

脊椎動物は,
全身の構造を変化させた

そしておよそ3億6000万年前, 水中で暮らしていた私たちの祖先(背骨をもつ脊椎動物)が, ついに上陸を果たしました。初期の陸上動物とみられる「イクチオステガ」は, 地上で体を支える4本の足をもっていました。その足は, 水中で獲得されたものであるようです。

陸に上がった脊椎動物は, 4本の足を獲得していただけでなく, 全身の構造を変化させていました。まず呼吸方法が, えら呼吸から肺呼吸に切りかわりました。また, 陸上の重力に耐えられるように, 全身の骨格ががんじょうになり, 首や肩, 腰の骨を獲得していたのです。

6 巨大トンボや巨大ムカデが，森の中で繁栄した

高い酸素濃度で，巨大な昆虫が誕生した

　3億年前の温暖な湿地帯は，シダ植物の大森林が広がっていました。そこにはオニヤンマの4〜5倍はあろうかという巨大トンボが飛び，成人よりも大きい巨大ムカデがはいまわっていました。

巨大な昆虫が誕生したのは，高い酸素濃度によると考えられています。ハエを，酸素濃度23％の環境で飼育したところ，わずか5世代で体が14％ほど大きくなったという実験結果があります（現在の酸素濃度は21％）。当時，酸素濃度は，地球史上最高の35％に達しつつありました。

枯れた植物の多くが，分解されなかった

　酸素は，植物が光合成を行い，成長するときに放出されます。そして，植物が枯れると，微生物が酸素を使って枯れた植物を分解します。そのため，植物の成長と分解が同時におきているなら，酸素濃度は変わらないはずです。しかしこの時代では，倒れた植物の多くが湿地に埋没したために，微生物に分解されず，酸素が使われませんでした。その結果，大気中の酸素がふえたのです。

　埋もれた樹木は，化石化して石炭になりました。この時代を，「石炭紀」とよぶのはこのためです。

6 巨大な生き物たち

巨大化したシダ植物は，10階建てのビルに匹敵する，高さ40メートルに達したものもあります。その大森林の中を，巨大トンボが飛び，巨大ムカデがはいまわっていました。

メガネウラ
羽根の先から反対側の羽根の先までの長さが，70センチメートルをこえたと考えられています。

ゴキブリ
現在とほとんどかわらない姿でした。

トカゲ
爬虫類は小さく，全長30センチメートルほどでした。

アースロプレウラ
最大2メートルをこえたと推定されている，史上最大のムカデ（多足類）です。

— 2億5100万年前 —

7 地球から酸素が消えて，生物が大量に絶滅した

爆発的な噴火が，大絶滅の原因

約2億5100万年前，生物種の90％以上が姿を消す，地球史上最大規模の大絶滅がおきました。

大絶滅の原因については，その多くが仮説にとどまっています。ただし当時，大規模な火山活動がおきていたことがわかっています。その証拠の一つが，現在のシベリアに残されている，玄武岩でできた広大な溶岩台地です。この玄武岩の噴火の前には，大陸の地殻がとけてできた粘り気のあるマグマが，爆発的に噴火したと考えられています。その爆発的な噴火が，大絶滅の一因とみられています。

7 爆発的噴火と大絶滅

大陸の内陸部でおきた爆発的噴火によって，大量の
火山灰が空に広がり，寒冷化しました。寒冷化は，
大絶滅の一因だと考えられています。なお，このと
き海は酸欠状態となり，海洋生物の96％の種が絶
滅したといわれています。

酸欠により，海洋生物の
96％の種が絶滅

古生代型アンモナイト

三葉虫

ウミユリ

世界中で，植物の光合成が低下した

爆発的噴火の火山灰は，広く空をおおったために，寒冷化が進んだようです。当時の地層でみつかる炭素の特徴から，世界中で植物の光合成が低下したことがわかっています。

この大絶滅によって生じた空白地帯に，生き残った種が進出し，多様化していきました。史上最大の大絶滅は，生態系をリセットし，新たな種にチャンスをもたらした出来事でもあったのです。

シベリアに残されている溶岩台地の面積は，約200万平方キロメートルにおよぶカンス。これは日本の国土の5倍以上だカンス。

memo

世界の巨大昆虫たち

　3億年前の地球には，大型の昆虫がたくさんいました。現在の地球にも，だいぶ小さくなったとはいえ，おどろくような大きさの昆虫がいます。

　羽の大きな昆虫の上位は，蝶類が占めます。たとえば，ニューギニア島に生息する「アレクサンドラトリバネアゲハ」は，羽の先から反対側の羽根の先までの長さが20〜28センチメートルにもなります。一方，体重が重い昆虫の上位は，コガネムシ類が占めます。たとえば，アフリカ大陸に生息する「ゴライアスオオツノハナムグリ」というコガネムシのオスは，体重が100グラム以上になる個体がいます。

　そして体の長い昆虫の上位は，ナナフシ類が占めます。2014年8月には，中国南部の広西チワン

族自治区柳州市にある山の中で，全長が62.4セ

ンチメートルもあるナナフシがみつかりました。こ

こで紹介した昆虫は，ほんの一例にすぎません。

現在の地球にも，まだまだ大きな昆虫がいるもの

ですね。

8 大陸が集合して，超大陸 「パンゲア」が誕生した

大陸は移動し，離散集合をくりかえす

ドイツのマールブルグ大学で気象学と天文学の講師を務めていたアルフレッド・ウェゲナー（1880 〜 1930）は，1912年にドイツ地質学会で「大陸移動説」を発表しました。大陸は移動し，離散集合をくりかえすというものです。そしてウェゲナーは，かつて世界の諸大陸が一か所に集まってできた超大陸「パンゲア」があったと考えました。

発表当初，ウェゲナーの大陸移動説は，大多数の地球物理学者に無視され，強力な反対論も打ちだされました。ウェゲナーは大陸移動の証拠を示せても，大陸を移動させるメカニズム（しくみ）が何かについては，明確な答えを出すこと

8 ウェゲナーの大陸移動説

ウェゲナーは，絶滅した古生物の生息域や，かつての氷河地帯の分布，現存する生物の分布などを検証しました。そして，生息域や分布域が，世界各地の大陸にまたがって確認されるのは，当時，それらの大陸がつながっていたからだと考えました。

ガーデン・スネール
3億6200万年前〜
2億9000万年前

リストロサウルス
2億4500万年前〜
2億800万年前

アジア

ヨーロッパ

北アメリカ

アフリカ

南アメリカ

インド

南極　オーストラリア

🦎：リストロサウルスの生息域
三畳紀に，アジアやアフリカ，インド，南極がつながっていたことを示しています。

■：ガーデン・スネールの生息域
石炭紀に，北アメリカとヨーロッパがつながっていたことを示しています。

141

ができなかったのです。

マントルにのって，
プレートが移動する

　現在では，大陸を移動させる動力源として，「プレートテクトニクス」という考え方が確立しています。プレートテクトニクスは，地球内部を対流するマントルにのって，地球表層のプレートが移動し，大陸もそれにともなって動くというものです。

　世界の大陸がひとまとまりになったのは，3億3500万年前〜2億2000万年前ごろにかけてだといわれています。パンゲアの存在は，多くの研究者が認めるようになりました。

memo

9 陸上動物は，歩いて全世界に広がった

同じ動物の化石が，世界各地で発見された

　化石は，当時の生物がどのような状況にあったのかを知る有力な手がかりになります。

　獣弓類の「リストロサウルス」は，カバに似たずんぐりむっくり体型が特徴的な，体長1メートルほどの動物です。とても長距離を泳げるような体をしていません。しかし，南極やアジアをはじめ，世界各地から化石が発見されています。長距離を泳げない動物がなぜ世界各地で発見されているのかは，古生物学上の大きななぞでした。

リストロサウルスは，
歩いて世界各地に拡散できた

ウェゲナーが想定したように，すべての大陸がパンゲアとして陸つづきなら，リストロサウルスは歩いて世界各地に拡散できたと考えることができます。そして，リストロサウルスは世界各地に拡散することで，自分に適応した環境をみつけ，繁栄していたようです。

　このように超大陸の存在は，いくつかのかぎられた陸上動物にとって，大陸全土に大きく生息面積を広げ，繁栄する引き金になったとみられるのです。

1か所の発掘地から，36体のリストロサウルスが発見されたこともあるらしいよ。

9 パンゲアで繁栄した獣弓類

リストロサウルスは，超大陸パンゲアに広く分布して繁栄していました。その化石は，アフリカや南アジア，東アジア，東ヨーロッパ，南極でみつかっています。

リストロサウルス

すべての大陸が陸つづきだったからこそ，リストロサウルスは世界各地に拡散できたんだ。

リストロサウルス

超大陸パンゲア

10 恐竜たちが地上を支配した

恐竜の台頭がはじまった

およそ2億5000万年前，哺乳類の祖先を含む「単弓類」とよばれるグループや，現生のワニの祖先を含む「クルロタルシ類」とよばれるグループが繁栄しました。しかし，その繁栄も長つづきはしませんでした。恐竜の台頭がはじまったのです。

アロサウルスは，最大で体長10メートル

2億年前～1億年前ごろの恐竜が大繁栄した時代は，「恐竜時代」ともよばれています。恐竜時代は，おおむね温暖でした。海面は高くなり，海岸から数百キロメートルにわたって浅い海がつ

148

づいていました。また，極域にも氷がなく，海水は深層でも15 〜 20℃と高い温度でした。こうした恵まれた環境にあった陸上で，恐竜は巨大化していきました。たとえば肉食恐竜の代表格といえる「アロサウルス」は，最大で体長10メートルにも達していました。また，獲物となっていた植物食恐竜にも，体長10メートル前後の種がいました。

　一方，私たち人類につながる哺乳類やその仲間たちは，小さく，ネズミやリスのような姿で，夜行性だったと考えられています。

どうして恐竜はこんなに大きくなったんだろう？

10 恐竜時代

2億年前～1億年前ごろ，恐竜にとって陸上は温暖で，恵まれた環境にありました。恐竜は大繁栄し，巨大化していきました。

ハーパクトグナトゥス
翼竜の一種。翼を広げると
2～3メートルになります。

アロサウルス
全長10メートルに
達した肉食恐竜。

ディプドクス
全長30メートル前後の，
超巨大な植物食恐竜。

オルニトレステス
全長2メートルの
肉食恐竜。

ステゴサウルス
背に大きな骨の板をもつ，
全長7メートルの植物食恐竜。

11 パンゲアは，現在の大陸へ分裂した

2億年前ごろ，パンゲアが分裂をはじめた

　およそ3億年前，地球上のすべての大陸があつまった超大陸「パンゲア」が形成されていました。パンゲアの北半分を「ローラシア」，南半分を「ゴンドワナ」といいます。そのころ地球の半分を占めていた海は「パンサラッサ」です。そして，ゴンドワナとローラシアの間にある海は「テチス海」といいました。

　2億年前ごろになると，パンゲアは分裂しはじめます。1億5000万年前ごろには，アフリカやオーストラリアから分離して，インド亜大陸が北上をはじめました。そして，7000万年前になると，南アメリカとアフリカ，ユーラシア，北アメリカはそれぞれの大陸に分かれました。南極

とオーストラリアも分離しています。

恐竜はそれぞれの大陸で
独自の進化をとげた

　　大陸が分離していく間，恐竜のなかまが生態系の頂点に立っていました。恐竜はそれぞれの大陸で独自の進化をとげ，多様化が一段と進んだと考えられています。しかし約6550万年前，巨大な小惑星の衝突により，恐竜の時代はおわりをむかえることとなります。

ローラシアは，現在の北半球にある大陸が集まっていたと考えられているんだ。ゴンドワナは，現在の南半球にある大陸とインドが集まっていたと考えられているよ。

11 パンゲアの分裂

およそ2億年前ごろから，パンゲアは分裂をはじめ，現在の位置へと移動しました。

3億年前

1億5000万年前

少しずつ，今の大陸の形に近づいて
いったのね。

1億3000万年前

7000万年前

155

12 小惑星衝突によって、死の世界がおとずれた

直径10キロメートルほどの小惑星が衝突

6550万年前のある日に、大事件がおきました。直径10キロメートル前後の小惑星が、現在のメキシコのユカタン半島付近の浅い海の底に、衝突したのです。小惑星は、数万℃にも達して蒸発。マグニチュード11もの地震と、高さ300メートルもの津波が発生しました。

陸上の動物は、8割前後の生物種が絶滅した

小惑星の衝突によって発生した煙やすすなどは、数年にわたり、地球全体の上空をただよったといわれています。暗くて寒い、「衝突の冬」

がはじまったのです。

　太陽光がさえぎられた影響で，光合成をできなくなった植物が枯れていきました。そして植物が減少したことで，植物を食べていた生物が飢え，巨大恐竜などが絶滅しました。<mark>陸上の動物は大きな打撃を受け，8割前後の生物種が絶滅したとされています。</mark>

　また，海中のアンモナイトなども絶滅しました。衝突地点の岩石から大量にできた硫黄酸化物が，上空に舞い上がって酸性雨となり，地上に降りそそいで海を酸性化したためだとされています。

衝突した小惑星は，直径170キロメートルの巨大なクレーターをつくったカンス。

157

12 小惑星衝突後の世界

6550万年前, 直径約10キロメートルの小惑星がメキシコのユカタン半島に衝突しました。地球全体を厚い雲がおおい, 恐竜が絶滅しました。

トリケラトプスの骨

小惑星の
衝突地点

のちのユカタン
半島の一部

プルガトリウス
ドブネズミほどの大きさの哺乳類。主に樹上で生活して
いました。歯やあごは，ネズミとはちがって，特定の食べ
物を食べやすいように特殊化していません。

159

恐竜は今も生きていたかも？

　今から6550万年前，現在のユカタン半島付近に，直径およそ10キロメートルの小惑星が衝突したと考えられています。この小惑星は，石油や天然ガスの主成分である「炭化水素」を豊富に含んだ堆積岩層に衝突し，ぼう大な量のすすを発生させました。そして上空に舞い上がったすすで太陽の光がさえぎられ，地上が寒冷化したために，恐竜は絶滅したと考えられています。

　しかしそれほど大量のすすを発生させる岩石がある場所は，地球の陸地の約13％ぐらいしかないといわれています。つまり，もし小惑星がほかの種類の岩石がある場所に衝突していたら，寒冷化するほどのすすが舞い上がることも，恐竜が絶滅することもなかったかもしれないというのです。

よりによって，小惑星はなぜすすを発生させやすい岩石にぶつかってしまったのでしょうか。恐竜にとっては，不運なできごとです。しかし，恐竜が絶滅したことで繁栄できた哺乳類にとっては，幸運だったといえるでしょう。

チクシュルーブ・クレーター
（小惑星衝突跡）

ユカタン半島

気象学者ウェゲナー

大陸移動説を提唱したウェゲナーは気象学者だった

気球を使った高層の気象観測技術を開発するなど

気象分野で業績をあげた

1906年のこと気象学者の兄とともに気球滞空コンテストに参加

52.5時間を記録

当時世界最長の滞空記録だった

第4章

そして現代へ

6550万年前，地球に衝突した小惑星が，恐竜の時代を終わらせました。そして小惑星衝突後の地球では，いよいよ哺乳類が繁栄をはじめます。第4章では，私たち「ホモ・サピエンス」が登場するまでをみていきましょう。

1 恐竜にかわり, 哺乳類が大繁栄

哺乳類の二つのグループが, 大量絶滅をのりこえた

6550万年前におきた大量絶滅によって, 生態系の頂点にいた恐竜たちが姿を消しました。これによって, 恐竜たちの生活圏がぽっかりと空きました。その生活圏にいち早く進出したのが, 哺乳類です。

哺乳類は, 白亜紀にはすでにある程度多様化していました。ムササビのように滑空していた種もいれば, ビーバーのように半水半陸の生活をしていた種もいました。しかしこうした種は, 6550万年前の大量絶滅などで絶滅してしまいました。

その一方で, 白亜紀に出現した哺乳類の「真獣類」と「有袋類」の二つのグループは, この大

量絶滅をのりこえて，新生代に入ってから爆発的な多様化をみせました。

海牛類の祖先，クジラ類の祖先が，海へ進出

真獣類は，現生哺乳類のほとんどが属するグループで，子を体内で一定期間育てるための胎盤をもっています。真獣類は，有袋類と「有胎盤類」という二つのグループにわけられています。

有袋類は，オーストラリアのカンガルーに代表される，腹の袋で子を育てるグループです。

　5000万年前ごろになると，ジュゴンやマナティなどの海牛類の祖先，クジラ類の祖先が，海への進出をはじめました。これらは，有胎盤類に分類される動物の仲間です。

1 哺乳類の台頭

5000万年前ごろの森のようすです。原始的なウマをはじめ, コウモリや現在のアリクイのようなアリ食動物など, さまざまな哺乳類が暮らす森林が世界各地にありました。

レプティクティディウム

エオマニス

あ，エオマニスがアリを食べてる！

パレオキロプテリクス
（コウモリの仲間）

プロパレオテリウム
（原始的なウマの仲間）

169

2 サルたちは，巨鳥におびやかされていた

陸上の支配者は，巨大な鳥だった

　人類の祖先であるサルたち(霊長類)は，2500万年前ごろまでに，人類の祖先を含む「狭鼻猿類」と，現在の南アメリカ大陸のみに暮らす「広鼻猿類」にわかれていました。

　2000万年前ごろの南アメリカ大陸の森では，広鼻猿類のサルが，肉食動物の脅威からのがれるために木の上で生活していました。当時の南アメリカ大陸には大型の肉食哺乳類はおらず，陸上の支配者は「フォルスラコス類」という巨大な鳥でした。

曲がったくちばしで，
獲物を丸のみにしていた

　フォルスラコス類は，「恐鳥類」という飛べない俊足の鳥のグループに属し，体高が3メートル近くに達する種もいました。大きな頭部に先端の曲がったくちばしをそなえており，獲物を丸のみにしていたのではないかと推測されています。

アジア大陸やアフリカ大陸の森でも，狭鼻猿類のサルが同じように，肉食動物からのがれて木の上で長い時を過ごしていたと考えられています。

注：「狭鼻猿類」は，鼻幅がせまいサルのグループです。アフリカやアジアに生息する旧世界ザルのほか，尾のないゴリラやチンパンジーなどの類人猿と，人類を含んでいます。「広鼻猿類」は，鼻幅の広いサルのグループです。南アメリカ大陸に生息することから，新世界ザルともよばれています。

2 南アメリカの陸上の支配者

2000万年前ごろの，南アメリカ大陸の森のようすです。ネズミに似た小型の有袋類の「ケノレステス類」は，フォルスラコス類の獲物になっていました。サルたちは，木の上で生活していました。

樹上で暮らすサル

ケノレステス類
ネズミに似た小型の有袋類です。

172

フォルスラコス類
南アメリカ大陸に生息していた
恐鳥類。体高1〜3メートルの
種が知られています。

3 大陸どうしの衝突で，
ヒマラヤ山脈ができた

インド亜大陸が北上し，
海の堆積物が大陸の一部になる

　2億年前に超大陸パンゲアが分裂をして以降，
インド亜大陸はインド・オーストラリアプレート
にのって，南半球からゆっくりと北上していき
ました。その向かう先にあったのが，アジア大陸
です。

　当時インド亜大陸とアジア大陸の間には，「テ
チス海」とよばれる海が広がっていました。イン
ド亜大陸が北上し，アジア大陸との距離が縮ま
ると，その間にあったテチス海の堆積物は，二
つの大陸に挟まれるように大陸の一部になりま
した。

衝突で，海の堆積物が 地表にあらわれた

　今から5000万年前ごろになると，インド亜大陸とアジア大陸の衝突がはじまり，まずテチス海の海洋プレートを覆っていた堆積物が大陸の一部になりました。この衝突によって，隆起運動がおき，衝突部分に山脈がつくられはじめます。そして今から1400万年前〜700万年前にかけて，山脈は8000メートルの高度にまで達したとみられています。

　こうして，「世界の屋根」ともいわれるヒマラヤ山脈が誕生したのです。

インド亜大陸の北上は，今もつづいていて，年間の移動量が最大17ミリに達する場所もあるんだ。

3 ヒマラヤ山脈ができるまで

左ページのイラストは，インド亜大陸のパンゲアでの位置と，現在の位置です。右ページのイラストは，インド亜大陸が7000万年前の場所から現在の場所に移動するまでのようすです。

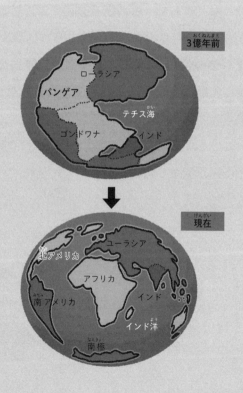

現在のラダック地方

アジア大陸

現在のヒマラヤ山脈

現在のラサ地方

現在

赤道に到達

1000万年前

ラダック地方

ラサ地方

2100万年前

2900万年前

3600万年前

4200万年前

4400万年前

5000万年前

4800万年前

5300万年前 5200万年前

5500万年前

5700万年前

5900万年前

6100万年前

インドの北上

6200万年前

7000万年前

遭難死者数世界一は，日本の山

遭難死者数世界一としてギネス記録に認定されている山は，実は群馬県と新潟県の県境にある「谷川岳」です。日本百名山としても知られる谷川岳は，標高2000メートル足らずであることから，登山初心者から上級者まで，さまざまな人が四季折々の景色を楽しんでいます。

　ところが，遭難死者数の統計をとりはじめた1931年からギネス記録に認定された2005年までの間には，谷川岳でなんと781人もの死者が出ています。これは，エベレストをはじめとする，ヒマラヤの8000メートルをこえる14の山の遭難死者数を合計した数よりも，多い数です。

　エベレストのような標高の高い山は，氷と雪におおわれていて酸素もうすいなど，人を寄せつけな

いけわしさがあります。一方，谷川岳は，関東近郊の小学校が遠足で訪れることもあるなど，登山道を選べば親しみやすい山です。この親しみやすさが訪れる人を油断させ，遭難者をふやしてしまう原因なのかもしれません。

4 最初の人類「猿人」が あらわれた

大森林が縮小し，草原での生活を よぎなくされた

　今からおよそ700万年前，最古の人類である「猿人」が出現しました。人類の最大の特徴は，直立二足歩行です。二足歩行によって，前足が完全に自由になりました。そしてその前足で，道具を使うことができるようになり，脳の発達へとつながっていったのです。

　ではなぜ，人類は直立歩行をするようになったのでしょう。仮説の一つとしてよく知られたものは，気候の変化の影響です。

　当時，ヒマラヤ山脈の隆起が原因で，地球全体が寒冷化しつつありました。寒冷化が進めば，内陸部の乾燥化が進みます。その結果，それまで人類の祖先が暮らしていた大森林は縮小し，か

4 直立二足歩行する「猿人」

およそ500万年前の猿人の「アルディピテクス」です。二足歩行を獲得した人類は，その後，急速に脳を発達させ，今日に至ります。

手が使えるようになったのは，大きな進化だったんだカンスね！

わって拡大した草原での生活をよぎなくされたというのです。

骨や筋肉への負担がへり、視界もよくなった

　人類が獲得した直立二足歩行は、広い草原で獲物をさがして歩きまわる際に、骨や筋肉への負担が小さくてすむと考えられています。また、立ち上がることで、視界が良くなったという指摘もあります。天敵である大型の肉食獣を、いち早く発見することが可能になりました。そして、人類は登場以来、脳容量を大型化させていきました。

直立二足歩行によって、獲物を求めて長距離の移動が可能になったということだよ。

5 人類は，肉食動物の標的だった

武器も，石器のような道具ももっていなかった

440万年前，アフリカにいた「アルディピテクス・ラミダス」（ラミダス猿人）は，直立二足歩行を行っていた初期の人類の一種です。足の形は，現在の人類とは大きくことなり，足で物をつかむこともできました。これはラミダス猿人の祖先の種が，手足を使って枝をつかみ，樹上でくらしていた霊長類であったなごりです。

ラミダス猿人は，木の生え方が密ではない，明るい森林で暮らしており，雑食だったと考えられています。武器はもちろん，石器のような道具ももっていなかったようです。ヒョウのような肉食動物にとって，ラミダス猿人は格好の獲物だったでしょう。

ワシに襲われた猿人の子供もいた

イラストのように，人類の当時の祖先は，さまざまな肉食動物に襲われることがたびたびあったようです。

たとえば，南アフリカでみつかった「アフリカヌス猿人」の子供の頭骨には，ワシにつかまれた痕跡が残っていました。おそらく連れ去られて，えじきになってしまったのでしょう。

武器をもっていないから，肉食動物が襲ってきたときは怖かっただろうね。

5 襲われるラミダス猿人

440万年前，アフリカ東部での一場面です。人類の一種，ラミダス猿人が，集めた果実などを食べています。そのようすをヒョウが樹上から見下ろし，襲いかかるすきをねらっています。

アルディピテクス・ラミダス
身長は約1.2メートルと推定されています。

ヒョウ
初期の人類を襲っていたと考えられている肉食動物の一つです。

6 アフリカで, ホモ・サピエンスが登場した

エチオピアで, 完全な頭骨化石が発見された

　約60万年前ごろまでに,「旧人」とよばれる人類のグループである「ホモ・エレクトゥス」が登場しました。そして約20万年前ころまでに,「新人」とよばれる私たち「ホモ・サピエンス」が登場したと考えられています。

　2003年, アフリカのエチオピアで, ホモ・サピエンスのほぼ完全な頭骨化石が発見されました。この発見によって, ホモ・サピエンスの起源をアフリカだけに求める,「アフリカ単一起源説」が大きな説得力をもつようになりました。

6 ホモ・サピエンスの起源

初期のホモ・サピエンスの化石が発見された，アフリカの主な遺跡を示しました。これらの遺跡の場所とミトコンドリアDNAの分析結果から，ホモ・サピエンスの起源は，アフリカのどこかだと考えられています。

ミトコンドリア・イブ
約16万年前に，アフリカのどこかで生きていた女性。

ミトコンドリアDNA

核

ミトコンドリア

細胞

ミトコンドリアとは，細胞の中にある小器官で，母から子へと受け継がれます。

アフリカ大陸

ジェベル・イルード遺跡
（モロッコ）
ここで発見されたホモ・サピエンスに似た頭骨などの化石が，年代測定によって約31万5000年前のものであることがわかりました。
これがホモ・サピエンスであると確認されれば，ホモ・サピエンスの出現時期は約30万年前まで一気に10万年もさかのぼることになります。ただし，旧人段階に属するホモ属の別種である可能性もあり，議論がつづいています。

ヘルト遺跡
（エチオピア）
約16万年前のものとみられるホモ・サピエンスの頭骨化石「ヘルト1」が発見されました。

オモ・キビシュ遺跡
（エチオピア）
ホモ・サピエンスの特徴をもつ約19万5000年前の部分的な骨格化石が発見されました。

母方の祖先は，
1人の「ミトコンドリア・イブ」

　アフリカ単一起源説の根拠は，もう一つあります。私たちの細胞には「ミトコンドリア」とよばれる小器官があり，母から子へと受け継がれます。今の地球上に暮らすすべてのホモ・サピエンスの母方の祖先をたどると，約16万年前のアフリカで生きていた「ミトコンドリア・イブ」とよばれる1人の女性に行き着くことがわかったのです。

　ホモ・サピエンスの集団は，約6万年前にアフリカを出発し，その子孫たちが世界中に拡散したと考えられています。

人類の故郷は，アフリカということになるのかな？

188

memo

体長2メートルの巨大ペンギン

　水族館などで見ることができるペンギンは，かわいらしい姿の人気者です。しかし古代のペンギンは，今とはだいぶちがった姿をしていたようです。

　2014年に南極大陸で見つかった化石から，今から約4000万年前のペンギンは，なんと体長（くちばしの先端から尾の先端までの長さ）がおよそ約2メートル，体重がおよそ120キログラムもあったと推定されています。体が大きかったため，一度に40分ほども息を止めることができたのではないかと推測されています。現代のほとんどのクジラやイルカが20分ほどしか息を止められないことを考えると，非常にすぐれた潜水能力をもっていたことになります。

　2017年には，ニュージーランドで今から約6600

万年前〜5500万年前のペンギンの化石が発見されました。このペンギンの化石は，2020年4月30日現在，最古のものとみられています。体長は，およそ177センチメートルと推定されました。古代のペンギンは，今のペンギンとちがってスリムな体型で，それほどかわいらしい姿ではなかったようです。また，2023年には，6000万年前のペンギンの化石が発見されています。体重150キロで，ゴリラのような体形だったようです。

多才の人，寺田寅彦

日本の物理学者寺田寅彦は独自の視点をもった科学者として活躍

大陸移動説も支持し独自の解釈から理論的裏づけをした

また、その文才を夏目漱石に認められ門弟として多くの随筆や俳句を残した

科学と文学を融合した随筆は現在でも人気が高い

得意な分野では教えを請われるなど漱石とは友人に近い関係だった

『吾輩は猫である』の水島寒月や

『三四郎』の野々宮宗八のモデルになったといわれている

金平糖がお気に入り

夏目漱石と同じく寺田寅彦は甘い物に目がなかった

お菓子がわりに砂糖をなめるほどだった

随筆のテーマとしてもとくに気に入ったのが金平糖だった

「どうして金平糖には角ができるのだろう?」

「偶然」の関係するこの現象を物理学の根本的な問題としてとらえ直すことで

「物質と生命との間に橋を架ける日が到着するかもしれない」とまで空想を広げていた

当時は、金平糖がキャラメルなどの人気におされていたため

滅びゆく天然物と同じように金平糖も保存してほしいとまで記していた

さくいん

194

シリーズ第10弾!!

ニュートン超図解新書
最強に面白い
哲学

2023年9月発売予定　新書判・200ページ　990円（税込）

　哲学とは，いったいどんな学問なのでしょうか。英語で哲学を意味する「philosophy」は，古代ギリシャ語の「philosophia」が語源になったといわれています。「philo」は愛する，「sophia」は知という意味をもちます。
つまり哲学とは，「知を愛する」学問のことなのです。

　哲学がはじまったのは，今から2500年以上前の，古代ギリシャの時代とされています。現代の私たちが「科学」とよぶ学問も，当時は哲学に含まれていました。哲学と科学が分かれたのは，17～19世紀ごろだといわれています。つまりガリレオやニュートンも，みな哲学者だったのです。

　本書は，2021年9月に発売された，ニュートン式 超 図解 最強に面白い!!『哲学』の新書版です。哲学者たちの思考の歴史を，科学とのつながりに注目しながら，"最強に"面白く紹介します。どうぞ，ご期待ください！

余分な知識満載だパンダ！

主な内容

イントロダクション

哲学で考えられてきた大問題が,四つある
現在は,哲学で考える問題と,科学で考える問題がある

形而上学 認識論 倫理学 論理学

科学の起源は,古代ギリシャ哲学

ゼウスのせいにしても,満足はできない!
真の知を,3人の偉大な哲学者が考えた ほか

科学を育てた! 中世と近世の哲学

ベーコン「観察の際には,思いこみは捨てるべき」
観察重視の哲学者たちが,科学を生んだ! ほか

科学と発展した! 近代の哲学

ボルツマン「目に見えないものも,存在している」
ポパー「仮説を反証可能であることこそが,科学」 ほか

科学と歩む! 現代の哲学

研究者が,自分の専門分野の哲学を発展させた
人間とコンピューターは,同じなのか ほか

Staff

Editorial Management	中村真哉
Editorial Staff	道地恵介
Cover Design	岩本陽一
Design Format	村岡志津加（Studio Zucca）

Illustration

表紙カバー	羽田野乃花さんのイラストを元に佐藤蘭名が作成
表紙	羽田野乃花さんのイラストを元に佐藤蘭名が作成
11~31	羽田野乃花
35	小林 稔さんのイラストを元に羽田野乃花が作成
37~43	小林 稔さんのイラストを元に羽田野乃花が作成
45	小林 稔さんのイラストを元に羽田野乃花が作成
49~67	羽田野乃花
71	小林 稔さんのイラストを元に羽田野乃花が作成
75~77	羽田野乃花
81~97	小林 稔さんのイラストを元に羽田野乃花が作成
99~107	羽田野乃花
112~113	風 美衣さんのイラストを元に羽田野乃花が作成
115, 120~121	藤井康文さんのイラストを元に羽田野乃花が作成
123	羽田野乃花
126~133	カサネ・治さんのイラストを元に羽田野乃花が作成
135~147	羽田野乃花
150~151	黒田清桐さんのイラストを元に羽田野乃花が作成
154~179	羽田野乃花
181	中西立太さんのイラストを元に羽田野乃花が作成
185	黒田清桐さんのイラストを元に羽田野乃花が作成
187~193	羽田野乃花

監修（敬称略）：
　川上紳一（岐阜聖徳学園大学教育学部教授，岐阜大学名誉教授）

本書は主に，Newton 別冊『地球と生命，宇宙の全歴史』と Newton 別冊『地球と生命 46億年のパノラマ』，Newton 別冊『奇跡の惑星 地球の科学』の一部記事を抜粋し，大幅に加筆・再編集したものです。

ニュートン超図解新書
最強に面白い **地球46億年**

2023年10月5日発行

発行人	高森康雄
編集人	中村真哉
発行所	株式会社 ニュートンプレス　〒112-0012 東京都文京区大塚3-11-6
	https://www.newtonpress.co.jp/
	電話 03-5940-2451

© Newton Press　2023
ISBN978-4-315-52745-2